笑翻天

1分鐘生物課

劉天伊 編著

繪時光 繪圖

林大利 審定

① 昆蟲家族篇

野人

GRAPHIC TIMES 062

笑翻天 1 分鐘生物課①

【昆蟲家族】笑～嘻～嘻 (看漫畫學得快)

編　　　著	劉天伊
繪　　　圖	繪時光
繁體版審定	林大利
特 約 策 劃	梁策
特 約 編 輯	張鳳桐

社　　　長	張瑩瑩
總 　編 　輯	蔡麗真
美 術 編 輯	林佩樺
封 面 設 計	TODAY STUDIO
校　　　對	林昌榮

責 任 編 輯	莊麗娜
行銷企畫經理	林麗紅
行 銷 企 畫	李映柔
出　　　版	野人文化股份有限公司
發　　　行	遠足文化事業股份有限公司（讀書共和國出版集團）

　　　　　　　地址：231 新北市新店區民權路 108-2 號 9 樓
　　　　　　　電話：（02）2218-1417
　　　　　　　傳真：（02）86671065
　　　　　　　電子信箱：service@bookrep.com.tw
　　　　　　　網址：www.bookrep.com.tw
　　　　　　　郵撥帳號：19504465 遠足文化事業股份有限公司
　　　　　　　客服專線：0800-221-029

特 別 聲 明：有關本書的言論內容，不代表本公司／出版集團之立場與
　　　　　　　意見，文責由作者自行承擔。

法 律 顧 問	華洋法律事務所　蘇文生律師
印　　　製	凱林彩色印刷股份有限公司
初　　　版	2024 年 05 月 02 日
初版 3 刷	2024 年 07 月 31 日

國家圖書館出版品預行編目（CIP）資料

笑翻天 1 分鐘生物課①／劉天伊編著；繪時光繪圖 .-- 初版 .-- 新北市：野人文化股份有限公司出版；遠足文化事業股份有限公司發行，2024.05.02
4 冊；15×21 公分 .--（Graphic times；62）ISBN 978-626-7428-52-8（第 1 冊：平裝）　1.CST: 動物學　2.CST: 漫畫
380

目錄

001

我的保母不賴吧？
我親自挑選的！
「靠產出甜美蜜露，雇用貼心保母的
蘇鐵綺灰蝶幼蟲」

009

環保「吸管」的最佳代言人
「各種花朵的花蜜輕鬆吸，吃相絕對
優雅的蝴蝶，靠的是什麼？」

017

你以為我是胡亂飛的嗎？
「帝王斑蝶看似毫無規律可循的飛
行，其實暗藏玄機。」

025 **不堪回首的童年**
「長得像蒼蠅幼蟲的黑水虻幼蟲，有一個抑制蒼蠅孳生的大絕招」

031 **「摩天大樓」的妙用**
「放屁屁大軍白蟻，屋內沒有足夠的通風條件可是會一氧化碳中毒的！」

039 **產能不足就會惹禍上身！**
「不想給螞蟻當『乳牛』的蚜蟲不是好蚜蟲！」

053 **舉起比自己重一千多倍的重量只是小菜一碟**
「天生神力的牛頭扁鍬形蟲，就算是世界第一的硬舉力士也要靠邊站。」

059 把「投機精神」貫徹到底的
箇中高手
「為達目的被説無恥也無所謂的牛頭
扁鍬形蟲」

067 我在埃及當聖甲蟲的那些年
「名字雖然不太好聽，但在非洲人家
可是超級網紅的糞金龜」

073 沒有我，可就沒有今天澳洲
的廣大牧場喵
「完美體現外來和尚會念經的糞金龜」

**081 別誤會，
我們不全都是滾球大師**

「滾球型、挖洞型、居住型，原來糞
金龜有這麼多類型啊！」

**087 身體內建的 GPS 導航系統，
保證不會當機**

「精準定位一路向前，絕對不會走錯
路。」

**093 抱歉了，
我就是有這個壞習慣！**

「邊吃邊拉，蒼蠅你這個髒東西！」

101 我很髒，但卻有點偉大喔

「不討喜，但對生物技術研究還是有點小貢獻的蒼蠅」

109 別說出去，
其實我是個醫生

「另類的清創工作，由蒼蠅寶寶來為您服務」

119 搓搓搓，
啊！我把腦袋搓掉了！

「沒頭還好，沒有手腳活不了的蒼蠅」

129 雖然我名字帶虎，卻有豹的速度

「擁有一級方程式賽車速度感的虎甲，號稱『昆蟲中的獵豹』」

133 我不是只靠顏值吃飯的喔

「偽裝術高超的蘭花螳螂，昆蟲都栽在牠手裡。」

137 讀不懂信號別找我

「你以為牠在照亮夜空，但螢火蟲發光只是在釋放信號。」

我的保母不賴吧？
我親自挑選的！

靠產出甜美蜜露，雇用
貼心保母的蘇鐵綺灰蝶幼蟲

毛蟲想要在自然界中順利長大可不是一件容易的事，畢竟對於很多鳥類和食肉昆蟲來說，牠們是百吃不厭的美味，而且蛋白質非常豐富，營養價值極高。

對於那些希望能夠寄生在牠們身體內的寄生蟲來說，牠們又是上等的孵化基地，用來繁育自己的後代實在是再好不過了。

即使成長之路如此坎坷，毛蟲們還是懷抱著有朝一日變成美麗蝴蝶的夢想。

擁有翅膀後就能自由飛翔，這是光想都很開心的美夢，也是每條毛蟲願意絞盡腦汁去實現的目標。作為蝴蝶大軍的一員，蘇鐵綺灰蝶的幼蟲也不例外，為了能讓美夢成真，牠們乾脆想辦法為自己雇用了一些保母。

這些保母，就是昆蟲界裡公認的勤勞生物 —— 螞蟻。

螞蟻終日忙碌，四處奔波，大部分時間都是在尋找食物。蘇鐵綺灰蝶的幼蟲在知道了螞蟻的這項需求後，簡直樂壞了。

螞蟻在昆蟲界中還有另外一個顯著的特點，那就是嗜甜如命。

蘇鐵綺灰蝶的幼蟲恰恰有一項奇妙的本領，那就是能夠用腹部的腺體分泌出含有豐富的糖和胺基酸的蜜露。

對於螞蟻而言，世界上沒有比蜜露更棒的食物了。

而對於蘇鐵綺灰蝶的幼蟲而言，生產蜜露實在是小菜一碟，每小時，牠們都能產出大量的蜜露，完全可以滿足螞蟻對於蜜露的需求。

所以當蘇鐵綺灰蝶幼蟲開出了以蜜露作為交換條件後，螞蟻就毫不猶豫地接下了保母的工作，並且興高采烈地把這些幼蟲接回家。

螞蟻在蟻穴中為這些可愛的幼蟲準備舒適的居所。在蘇鐵綺灰蝶幼蟲變為成蟲的這段時間裡，螞蟻每天都對牠們提供無微不至的照顧。

為了保護這些能夠產出甜美蜜露的蘇鐵綺灰蝶幼蟲，螞蟻們甚至會捨生忘我地與其他肉食性昆蟲戰鬥，還會竭力驅趕恐怖的寄生蟲，不讓蘇鐵綺灰蝶幼蟲受到傷害。

深藏在蟻穴之中，還受到了螞蟻的精心照顧，蘇鐵綺灰蝶幼蟲著實度過了一段安穩又快樂的時光。

牠們即使日後變成蝴蝶，擁有了美麗的翅膀，可以隨心所欲地飛翔，也會時常懷念最初那段無憂無慮的日子。只不過在成為蝴蝶後，牠們就喪失了分泌蜜露的本領，自然也就無法再吸引螞蟻為自己提供家事服務了。

蘇鐵綺灰蝶心裡也許會有些遺憾，可螞蟻卻不會這麼想。

畢竟新一批的蘇鐵綺灰蝶幼蟲就要入住蟻穴。到時候牠們就有新的蜜露吃了，說不定這一批的滋味比上一批的更好呢！對於螞蟻們來說，這也是一件令牠們期待的事情呢。

環保「吸管」的 最佳代言人

各種花朵的花蜜輕鬆吸，
吃相絕對優雅的蝴蝶，靠的是什麼？

雖然有一些蝴蝶吃的食物挺奇怪，甚至有點兒令人反胃，但大多數的蝴蝶還是喜歡以花蜜為食。

在鮮花怒放的花叢裡，我們總能見到這些可愛小動物的身影，牠們靈活又輕盈地停在一朵又一朵花上，享用著甘甜的花蜜。

花朵的形態各異，花蜜生長的位置也各不相同。有的花蜜藏在深處，想要吃到這樣的花蜜就不得不準備點特殊的工具了。

對此蝴蝶頗有心得，相較於整個身體都鑽進花朵中，經常蹭一身花粉的蜜蜂，蝴蝶的吃相就優雅多了。

因為牠們總是隨時帶著「吸管」，有需要的時候，牠們就把「吸管」插入花蜜中，小口小口地啜著，細細品嘗。

這根「吸管」可不是一次性塑膠吸管，那可一點兒也不環保；當然也不是可分解的麥稈「吸管」，雖然環保，但一旦使用時間過長，就會軟趴趴地不好用了。

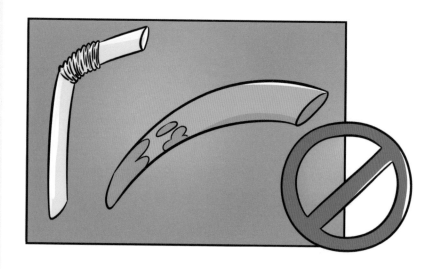

這根「吸管」特別柔韌，可以輕鬆地捲成一圈，需要使用的時候可以伸直。

雖然牠硬度一般，不能戳進硬物，想要用牠喝奶茶屬實費勁，但插進花蕊，大飽口福是毫無問題的。這根「吸管」就是蝴蝶的虹吸式口器。

虹吸式口器其實就是蝴蝶特殊的嘴，牠的上脣僅僅是一條狹窄的橫片，上顎的部分幾乎已經全部退化了。

13

不過還有一些蝴蝶的近
親——蛾類，還保留著
上顎的部分。
蛾類的嘴巴結構包括上
顎和下顎，牠們可用於
咀嚼固體食物，例如樹
葉或花瓣。

蝴蝶的每個外顎葉
的橫切面都是新月
狀的，兩個顎葉中
間是食物道，能讓
花蜜順利通過。

蝴蝶的外顎葉是骨化環,不取食的時候喙就像發條一樣盤卷,形狀像一盤老式蚊香。

當蝴蝶想要進食的時候,就會藉壓力把喙伸直,這時候「吸管」就出現了,可以利用它盡情吸食美味的花蜜了。

笑翻天1分鐘生物課①

不同的**蝴蝶**對花蜜有不同的喜
好，但牠們都選擇了同一種進食
方式，對此，整個蝴蝶一族都非
常滿意。

畢竟能夠優雅從容地為環保做貢獻，是讓很多人羨慕不已
的呢！

你以為
我是胡亂飛的嗎？

帝王斑蝶看似毫無規律可循的飛行，
其實暗藏玄機。

蝴蝶的翅膀不僅美麗，而且輕盈靈巧。每當牠們在花叢中翩翩起舞的時候，我們都會被牠們曼妙的身姿所吸引，當然，牠們也吸引了不少的貓和鳥，畢竟誰見了好吃的都忍不住想嘗一口。

蝴蝶飛行的姿態很優雅，高低起伏，與其說是飛行，不如說是在風中起舞。

對於我們來說，蝴蝶優閒的姿態只不過是我們觀察自然時的一個妙趣；但對於研究飛行力學的科學家來說，這可是重點學習的對象。

對此，帝王斑蝶舉翅膀表示：「都是跟我學的。」帝王斑蝶其實是北美一種很常見的大型蝴蝶，但常見並不是牠成為世界上知名度極高的蝴蝶的原因。

能被世界矚目，除了牠美麗的外表外，還有一個更主要的原因，也是讓科學家忍不住研究的原因，那就是帝王斑蝶是世界上唯一一種具有遷徙性的蝴蝶，牠們每年要遷徙飛3000多公里，躲避北美的嚴寒，進行繁殖。

每年秋天，成千上萬的帝王斑蝶都會呼朋引伴，成群結隊，浩浩蕩蕩聚集一起，從洛磯山出發，向溫暖的墨西哥中部飛去，在那裡尋找新的繁殖地。

這一趟路程有3000多公里遠，民航客機的時速一般是800～1000公里，想完成這段路程要將近4個小時，而飛機的油耗每小時大約是3000公升，這就表示，飛機想要飛完這段路程要消耗掉12000公升的汽油。

但帝王斑蝶不可能像飛機一樣，擁有一個能夠高效率轉化動能的內燃機，所以牠們只能透過調整自己的飛行軌跡來實現節能，讓自己可以順利抵達目的地。

這也就表示，在我們看來毫無規律可循的飛行，其實暗藏玄機。

帝王斑蝶的長距離遷徙和飛行模式也啟發了人類在無人機和航空器設計方面的研究工作。

研究人員嘗試理解帝王斑蝶是如何在長途飛行中節省能源、提高飛行效能的,以改進飛行器的性能。

這就是為什麼有科學家會專門研究帝王斑蝶如何選擇飛行高度的原因,他們想知道到底帝王斑蝶的飛行模式是生物學上預先確定的,還是隨機波動的原因。

總的來說,帝王斑蝶提供了許多有價值的生物學特徵,這些特徵啟發了科學家在工程和技術領域中的創新應用,也推動了仿生學的發展。

不堪回首的童年

長得像蒼蠅幼蟲的黑水虻幼蟲，
有一個抑制蒼蠅孳生的大絕招

黑水虻的幼蟲小時候是肉乎乎的黃色小蟲,長大了會大變樣──變成棕黑色的飛蟲。

成蟲後的黑水虻能長到15～20公釐,飲食上也會發生巨大的變化。

黑水虻的幼蟲和蒼蠅的幼蟲有很多相似之處。

不僅僅是長相相似，最主要的是牠們的幼蟲都喜歡吃便便、動植物的屍體，還有其他腐爛的有機物。

蒼蠅整天「嗡嗡嗡」四處亂飛，吵得人心煩意亂，這一點黑水虻與蒼蠅大不相同。

黑水虻有一個最大的優點：不喜歡進入人類居室騷擾人類，也不會把卵直接產在人類的食物之中，而是會尋找木頭、紙板的縫隙產卵。

黑水虻小時候喜歡吃的東西，長大後就不能接受了。這是因為黑水虻變為成蟲後，口器會出現一定程度的退化，不能再像幼蟲一樣進食，只能靠吸食少量的液體存活。

雖然長大的黑水虻不再吃便便了，但牠們在幼蟲時期已經吃得夠多了，尤其那時候牠們體重極小，消耗掉的食物卻足足有2～3公斤。

黑水虻成蟲後只有不到十天的生命。

在這短暫的幾天裡，牠們要盡快找到伴侶，完成繁殖的重任。

牠們壽命雖短，但繁殖能力卻不俗，一次能產下近千顆卵，只要沒有意外，這些卵都會孵化成幼蟲。

黑水虻的幼蟲與家蠅幼蟲食性相近，都是食腐類動物，會與家蠅幼蟲形成競爭。另外，黑水虻能夠有效控制家蠅種群。

吃便便的黑水虻幼蟲能有效抑制家蠅的孳生，這並不是說黑水虻幼蟲把便便搶光而使家蠅幼蟲都餓死了。而是因為被黑水虻幼蟲取食過的便便會發生改變，不再適宜家蠅生長發育與產卵繁殖。

這種改變會大大降低家蠅幼蟲的存活率，從而減少家蠅的數量。

咕嚕

另外，黑水虻幼蟲的進食過程也會降低糞便中的有害微生物，從而減輕對環境的破壞和汙染。

所以黑水虻吃便便看似平凡無奇，實際好處多多。

「摩天大樓」 的妙用

放屁屁大軍白蟻，屋內沒有足夠的通風條件
可是會一氧化碳中毒的！

人類喜歡建造摩天大樓，不僅是因為摩天大樓能夠體現當代建築的超高技藝，還因為它能有效解決人口膨脹帶來土地取得不易的居住問題。

白蟻也喜歡建造摩天大樓，但和人類恰好相反，牠們從不在大樓裡居住，那些高達數米的土丘，只不過是牠們的換氣管道。

白蟻的蟻穴是用唾液分泌物和土壤顆粒混合在一起建造的，雖然沒有鋼筋結構，卻比一般的混凝土要結實得多。

白蟻的蟻穴地基打得很深，畢竟地下才是牠們真正的家園。

這些土丘不是單管煙囪，土丘內部布滿了密密麻麻的通
道，每一個通道都是一個溫度改造器，再灼熱的空氣吹進
了小通道，也會被彎彎曲曲的通道變成涼爽的氣流。

當新鮮的空氣吹進土丘內部，直達地下的蟻穴中央時，又
能把蟻穴中原有的空氣吹出去，進而達到空氣轉換，確保
蟻穴空氣的新鮮度。

地下的蟻穴空間寬敞，布局分明，最重要的是恆溫涼爽。
能確保蟻穴舒適度的正是地上的那些巨大土丘。

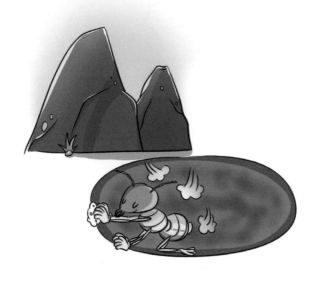

除了吹走熱風，土丘還有另一個重要作用，那就是排屁！
沒聽錯，白蟻會放屁，而且還挺會放屁的。

白蟻的體積雖小，但放出的屁量卻很多，而且牠們的屁中含有很多甲烷。

如果你能趁白蟻放屁的時候在牠身後點火，那牠立刻就能給你表演一段屁股噴火秀。

一隻白蟻一天能透過放屁釋放大約0.5微克的甲烷，雖然這個數字聽起來很小，只有1/1000000克的二分之一，實在不值一提，但是，白蟻的數量超級多啊！

地球上的白蟻總重量比人類的總重量還要多，所以牠們的
屁量要是匯總在一起也必將是一個驚人的數字。

因為白蟻數量過於龐大，所以大氣中甲烷的主要來源也是
白蟻的屁，更是全球第二大天然甲烷排放源。在某些時
候，白蟻的屁甚至會影響氣候變化。

尤其是在人類還沒有因為工業生產而影響到全球氣候的時候，白蟻更是擁有甲烷排放的絕對話語權。

雖然現在白蟻排放甲烷的份量變少了，只達到全球甲烷排放總量的5%～19%，但也不可小覷，畢竟白蟻繁殖能力強大。

產能不足
就會惹禍上身！

不想當螞蟻
「乳牛」的蚜蟲不是好蚜蟲！

蚜蟲有時候也會想，如果自己沒有被螞蟻豢養在蟻穴裡，究竟會過著什麼樣的日子呢？尤其是在冰天雪地的冬天裡，如果自己生活在蟻穴外，那又該是一種什麼樣的光景呢？

難道真的要像自己父母長輩說的那樣，要蜷縮在土縫和葉縫之間，躲在單薄的卵殼裡，不斷祈禱著春天趕快來臨，好獲得生存的機會嗎？

光是聽到蟻穴外凜冽的風聲，就可以想像冬天的殘酷和艱難，蚜蟲一點兒也不覺得自己能在這樣艱苦的環境中倖存。

更何況，自己也的確見到過螞蟻們搬來一隻又一隻死去昆蟲的屍體，那些被凍死的傢伙，死前一定也拚命掙扎求生，但最後還是倒在寒風裡。

每每想到這兒，蚜蟲都更加感激地窩在自己的卵殼裡，觀看著卵殼外那些忙碌的身影，即使現在自己並不能為牠們做任何事情，牠們也無微不至地照顧著自己。

只要春天來了，自己能夠孵化成成蟲，那自己一定要加倍努力地工作，報答這些為自己提供庇護的螞蟻們。

懷抱著這樣的想法，蚜蟲又陷入了甜美的夢鄉，等牠再次醒來，已經是春天了，雖然還沒有變成成蟲，但也感受到了身體的巨大變化。

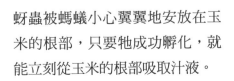

又過了幾天，蚜蟲被螞蟻搬出了蟻穴，迎接牠的是春日和
煦的陽光和溫暖的微風。

「呀，這就是春天
啊。」蚜蟲感受著美
好的春光。

蚜蟲被螞蟻小心翼翼地安放在玉
米的根部，只要牠成功孵化，就
能立刻從玉米的根部吸取汁液。

螞蟻一個接一個把蚜蟲的卵擺放在玉米的根部，確保牠們每一隻都能在第一時間獲得充分的補給，才放心離去。作為道地的「牧民」，安置這些即將孵化的小「乳牛」只是螞蟻工作的第一步。

還有一些已經孵化的成年「乳牛」，則需要螞蟻花費更大的氣力來進行搬運。

這並不是說成熟的蚜蟲不像蚜蟲卵一樣那麼好搬運；也不是說牠們會鬧脾氣，不配合搬家；更不是說當螞蟻用充滿力量的顎叼住牠們的時候，會把牠們弄疼弄傷，從而引起反抗。

相反，螞蟻在搬動這些成蟲的時候，牠們還會主動收縮起小腿，以防止碰到草葉或者樹枝，為螞蟻的搬運造成麻煩。

畢竟免費的「糧倉」有誰不想要呢。為了提防其他族群的「牧民」把自己的「乳牛」搶走，螞蟻必須要為牠們搭建堅固的防護欄，再配上強壯的守衛者，只有這樣，牠們才能放心地讓這些可愛的「乳牛」在野外生存。

修建防護欄並不是一項簡單的工作，但好在除了「牧民」的身分，螞蟻們還有另外一個角色，那就是「建築達人」。

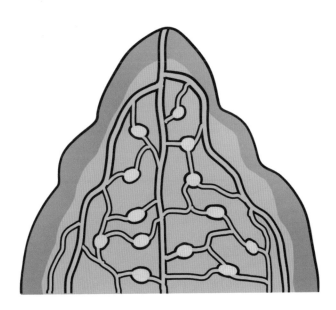

如果你曾經有幸見到過蟻穴的剖面，那你一定會震驚於螞蟻依靠小小的身軀所完成的巨大的工程。

和大部分深藏於地下的蟻穴不同，防護欄是直接搭建在畜養蚜蟲的植物莖稈上。採用黏性適中的泥土，並把植物的莖稈當作鋼筋，在上面抹上泥土，搭建出有一定高度的拱頂，這樣蚜蟲們就能夠優閒又安逸地生活在小土屋裡。

有了這個防護欄，擔任守衛工作的螞蟻便能更好地保護自己蟻群的「乳牛」，如果真的遇到了強盜，只要在援兵抵達之前，拚死搏鬥，守住防護欄的入口，就能保證自家的「乳牛」不受到侵害和掠奪。

無功不受祿，蚜蟲能受到這樣的禮遇，自然是有牠獨特的魅力。作為依靠攝取植物汁液為生的昆蟲，蚜蟲有一項神奇的本領——產出含糖的便便。

牠們的便便亮晶晶、甜滋滋，不但含糖量高，還含有豐富的胺基酸。

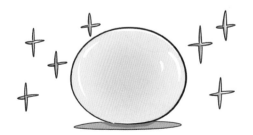

這種特殊的便便還有一個聽起來就覺得異常美味的名字——蜜露。

49

螞蟻非常愛吃蜜露，為了能夠長期獲得這種美食，牠們寧可付出辛苦，把蚜蟲像乳牛一樣豢養在自家地盤裡。

這樣，只要牠們想吃蜜露了，就可以來到自己的「牧場」，用觸角拍一拍蚜蟲，讓牠們分泌出可口的蜜露，一飽口福。

蚜蟲雖然體型微小（大多數蚜蟲體長不到2公釐），但產出的蜜露重量卻很驚人，生活在菩提樹上的蚜蟲，一天就可以產出0.025克蜜露，是自己體重的好幾倍。

作為「乳牛」，只要能夠提供「牧民」滿意的「牛奶」產量，就可以獲得舒適又安全的居住環境，螞蟻也非常願意為蚜蟲創造更好的生活環境，以方便牠們產出更多的蜜露。

但是，一旦有的蚜蟲不能順利產出蜜露，或者牠的產量不能滿足螞蟻的需求，那牠要面臨的命運就會非常悲慘。

作為低產量的劣等「乳牛」，牠就會被螞蟻拖走，被當作肉食「牛」吃掉。所以一旦蚜蟲變老，產能退化，不能再產出大量的蜜露，就只能乖乖等死，畢竟從被螞蟻搬入「牧場」的那一刻，牠們的命運就已經不再是由自己掌管了。

不知道在最後丟掉性命的那一刻，蚜蟲會不會回想起在寒冷的冬天裡，自己還慶幸於被螞蟻帶回巢穴，過著溫暖又安逸的日子呢？

舉起比自己重
一千多倍的重量
只是小菜一碟

天生神力的牛頭扁鍬形蟲，
就算是世界第一的硬舉力士也要靠邊站。

牛頭扁鍬形蟲之所以叫這個
名字，和牠頭上牛角一樣的
犄角是分不開的，而這兩個
牛角一樣的犄角也是牛頭扁
鍬形蟲最典型的特徵。

有的牛頭扁鍬形蟲的「牛
角」又尖又長，還有大大的
弧度，看起來非常威猛；有
的牛頭扁鍬形蟲的「牛角」
就比較迷你，看起來好似小
牛新冒出來的牛角。

鍬形蟲種類繁多，但要說鍬形蟲界的第一大力士，那牛頭扁鍬形蟲是當之無愧。

牛頭扁鍬形蟲個頭雖然不大，但卻能舉起比自己體重重一千多倍的糞球。

可以說，滾糞球雖然看起來簡單，但的確是鍬形蟲界一種令人讚歎的本領！

對於鍬形蟲來說，滾糞球是必備技能。

畢竟糞球相較於糞便在搬運過程中有著更大的優勢，輕鬆省力。而且牠們在搬運的途中，還能有不少意外的收穫。

很多雌性鍬形蟲就是偶遇了滾糞球的雄性鍬形蟲才確定了自己的伴侶。對於雌性鍬形蟲來說,這世界上沒有比滾著一個巨大糞球的雄性鍬形蟲更有魅力、更能打動牠們的了!

而這個糞球將會成為這一對愛侶的育兒基地,牠們將在這兒產下許多卵,製造出新一代的推糞球達人!

所以說，滾糞球的雄性鍬形蟲身上，閃耀的光芒讓人無法
忽視！

糞球越大，對雌性鍬形蟲的吸引力也就越大，雄性鍬形蟲
為了獲得更多的關注只好加倍努力了！

牛頭扁鍬形蟲憑藉天生神力，輕鬆地成為了推糞球界的佼
佼者，畢竟不是每一隻鍬形蟲都能推動是自己體重一千多
倍重量的糞球。

把「投機精神」
貫徹到底的箇中高手

為達目的被說無恥
也無所謂的牛頭扁鍬形蟲

牛頭扁鍬形蟲是鍬形蟲中特徵比較明顯的一種，牠們頭上的兩個角正是牠們名字的由來。

和許許多多的其他雄性動物一樣，雄性的牛頭扁鍬形蟲在見到同性的時候也會競爭和爭鬥，尤其在交配期的時候，更是喜歡通過爭鬥來證明自己的魅力和地位。

牛頭扁鍬形蟲喜歡在自己的糞球下挖掘隧道，而牛頭扁鍬形蟲幼蟲的房間就是靠一條一條隧道相互連接的。

在牛頭扁鍬形蟲的努力下，幼蟲們都擁有自己的小房間，生活品質絕對可以算高的。

牛頭扁鍬形蟲最喜歡的食物是牛、馬的糞便。雄性鍬形蟲努力地從遠處推來巨大的糞球，在挖掘完隧道後，會把糞球拆分為小塊的糞便，一點兒一點兒挪進小房間裡，作為子女們的儲備糧食。

這樣每隻小鍬形蟲就成為「糞二代」，可以無憂無慮地吃糞便長大了。

辛苦推糞自然可以獲得雌性鍬形蟲的青睞，但有的雄性鍬形蟲不想自己努力，就會想辦法巧取豪奪了。
而最簡單的方法就是發現一個被掩埋的糞球後，偷偷摸摸鑽進隧道裡尋找躲在裡面的雌性鍬形蟲。

如果順利，這隻偷懶的雄性鍬形蟲就可以不費吹灰之力獲得交配權，擁有自己的孩子。

糞球就那麼大，隧道也沒有多長，一旦想要偷懶的雄性鍬形蟲和糞球的原主人在一條隧道裡相遇，大戰便一觸即發。

雙方都會毫不留情地壓低胸部，抬高腹部，用腿狠狠地蹬著隧道的牆壁，在電光石火間舉著犄角衝向對方。

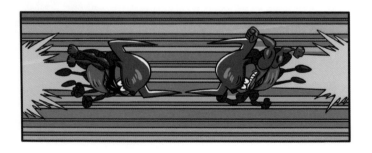

當雙方的犄角相撞後，就是新一番的力量較勁，兩方會毫不猶豫地猛推、撞擊，力圖把對方趕出隧道。

只要有一方力不從心，露出疲態，對方就會抓住機會踩上牠的後背，調轉方向，把牠從入口推出去。

雄性的牛頭扁鍬形蟲在爭鬥時依仗的是牠們頭上的「牛角」，但不是每一隻雄性牛頭扁鍬形蟲都擁有一對威風赫赫的武器，也有一些雄性牛頭扁鍬形蟲長得異常柔弱，頭上的「牛角」僅僅像是擺設一般，根本沒有什麼戰鬥力。

這種擁有小小「牛角」的牛頭扁鍬形蟲一旦遇到長有大「牛角」的牛頭扁鍬形蟲，就只能選擇落荒而逃。

但打不過對方並不意味著就徹底喪失了交配的權利。

擁有小小「牛角」的牛頭扁鍬形蟲果斷地選擇放棄用強硬手腕來贏取爭鬥勝利，避免正面爭鬥，轉而採取更為靈巧機變的迂回戰術——佯裝敗逃，改道前行。

正常來說，被擊敗的雄性牛頭扁鍬形蟲一旦被逐出隧道，就不會再去挑戰了，只能選擇換一個糞球再次嘗試。

但擁有小小「牛角」的雄性牛頭扁鍬形蟲並不會立刻離開糞球。當牠們被推出洞外後，就會繞著糞球轉來轉去，不斷尋找機會，一旦發現糞球的主人出門了，牠們就會立刻鑽進隧道，向守在糞球裡的雌性鍬形蟲求愛，一旦成功後立刻逃跑。雖然這樣做看起來特別無恥，但成功率卻挺高的。

擁有小小「牛角」的雄性牛頭扁鍬形蟲堅持把「投機精神」貫徹到底，不僅會趁著雄性牛頭扁鍬形蟲外出的時候重新鑽回去，還會發掘使用頻率不高的僻靜小路，避開糞球原主人大「牛角」的鋒芒，從而實現自己的目的。

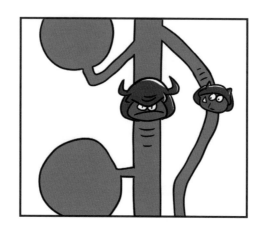

可以說，只要自己沒有被打死，牠們就會鍥而不捨地尋找各種各樣的機會，真是防不勝防！

我在埃及
當聖甲蟲的那些年

名字雖然不太好聽，但在非洲人家
可是超級網紅的糞金龜

糞金龜因為以便便為食而被不少人嫌棄，所以人們也叫牠們糞金龜，就連和糞金龜有關的諺語意思也大多不太好。

這樣的諺語有「糞金龜照鏡子——臭美」、「糞金龜找老鼠——臭味相投」、「糞金龜聞臭味——一哄而散」。

雖然糞金龜沒有什麼好名聲，但對於整個自然界的循環來說，牠們真的做出了無法磨滅的貢獻。

要說自然界裡所有的糞便都是糞金龜清理掉的有些誇張，不過要說自然界中大多數糞便都是經由糞金龜之手處理的，可一點兒問題也沒有。

畢竟糞金龜分布範圍極廣，除了南極洲，其他大洲的土地上都有糞金龜勤勞耕耘的身影，牠們是當之無愧的大自然清潔工。

雖然糞金龜目前和褒義詞不太能沾上邊，但牠們可也是曾被古埃及人熱烈追捧和信奉過！

笑翻天1分鐘生物課①

古埃及人把糞金龜稱作「聖甲蟲」，他們認為聖甲蟲是神的化身，而聖甲蟲推動的糞球則是太陽的化身。太陽之所以有朝起暮落正是因為天空中的聖甲蟲神像推動糞球一樣推動著它。

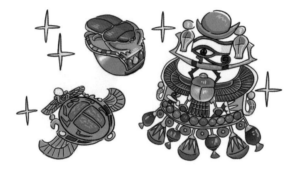

古埃及人崇拜聖甲蟲，覺得牠們能為世界帶來光明和希望，所以很喜歡佩戴聖甲蟲造型的護身符和首飾，以祈求能夠獲得好運和力量。

尤其聖甲蟲會在糞球中產卵，新的聖甲蟲能從糞便中破球而出，這些生機勃勃的力量也象徵著復甦和重生，因此古埃及人也賦予了聖甲蟲「再生」的涵義。

在很多古埃及的墓穴中都能找到關於聖甲蟲文化的文物。就連古埃及法老王圖坦卡門墓中出土的胸甲上都有聖甲蟲造型的裝飾，而且組成這只聖甲蟲的寶石還大有來頭，它看上去好似一塊黃綠色的果凍，內部隱隱發著光。

雖然現在看來它的成分和玻璃沒有什麼太大的區別，但在當時絕對是一種非常珍貴的礦石，也正是因為這樣才會成為圖坦卡門的陪葬品。

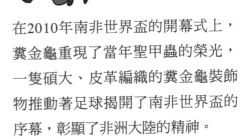

在2010年南非世界盃的開幕式上，糞金龜重現了當年聖甲蟲的榮光，一隻碩大、皮革編織的糞金龜裝飾物推動著足球揭開了南非世界盃的序幕，彰顯了非洲大陸的精神。

「牠們辛勤勞作，排除萬難，滋養肥沃著我們的土地。」
這是世界盃開幕式上糞金龜出場時的現場解說詞，也是非
洲人民對聖甲蟲由衷的認可。

即使是現在，在非洲很多國家，糞金龜形象也常常出現在
壁畫、雕塑等藝術品中，就連日常的家用品和飾品也有不
少是以糞金龜為原型設計的。

沒有我，
可就沒有今天
澳洲的廣大牧場唷

完美體現

外來和尚會念經的糞金龜

眾所周知，澳洲是畜牧大國，牠的牛肉、牛奶暢銷全球，但誰能想到支撐這個巨大產業鏈的竟然是一群小小的甲蟲——糞金龜呢！

這當然不是說糞金龜擁有絕佳的經濟頭腦，率領澳洲畜牧業問鼎世界經濟高峰，而是因為糞金龜的出現拯救了澳洲畜牧業的根本——牧場。

澳洲的牛數量龐大，可牛除了能夠產出美味優質的牛肉和牛奶外，還會產生大量的牛糞。

牛糞分解緩慢，需要數年才能完全分解，在它們存續期間，被未發酵的牛糞覆蓋的牧草會失去再生能力。牛糞覆蓋面積達到一定程度的時候，整個草場就會變得斑駁光禿。

餵牛的草都沒有了，還養什麼牛啊！總不能空運牧草養活這些牛吧？而且就算是解決了牧草問題，地上無窮無盡的牛糞又該怎麼處理呢？

總不能讓牛每天都踩著自己的便便散步吧！那場景也實在是太可怕了。

更何況這些賴在草地上的牛糞一旦經過雨水的沖刷就會汙染地下水源，造成不可逆的影響。

不僅如此，牛糞還會帶來可怕的蠅災。

每頭牛一天能拉出10～12坨牛糞，整個澳洲每年都會產生8000萬噸的牛糞，每坨牛糞在兩週內能孵化3000多隻蒼蠅，也就意味著每天都有不計其數的蒼蠅從牛糞中誕生。

蒼蠅不僅棲息在郊外的牧場中，也會闖入城市中，為了趕跑蒼蠅，澳洲人不得不發明自己獨特的「揮手禮」。
當年，初到澳洲的外國人總會被澳洲人的熱情所打動，因為他們無論相識與否都熱情地揮著手，但仔細觀察後，人們才知道，那並不是好客的禮儀，而是為了趕跑蒼蠅不得不做出的動作。

撲殺蒼蠅不是一個小工程，撲殺每天都瘋狂誕生的蒼蠅簡直就是做白日夢，想要徹底改變被蒼蠅大軍包圍的恐怖環境，就只能從牠們的誕生地——牛糞著手了。

可是該怎麼處理牛糞呢？

一些地方的牧民在資源短缺的時候會把犛牛的糞便晒乾作為燃料，但犛牛糞很有限，作為燃料，燃燒率也並不高。

要是讓澳洲把全國的牛糞收集起來晾晒成燃料實在是有點兒困難，而且這個成本和收益也很難成正比，這可不是一個好方法。

其實，解決牛糞最好的方法就是遵照自然規律，讓自然界中喜食糞便的動物來進行消耗，而自然界中的糞便愛好者當屬糞金龜。

澳洲當地並不是沒有糞金龜，只不過當地的糞金龜非常挑食，牠們只食用袋鼠等本土動物的糞便。

牛是澳洲的外來物種，牠們的糞便對於當地的糞金龜毫無吸引力。

這其實也不怪當地的糞金龜，因為牛糞水分含量高，又溼又黏，想要把牛糞推成糞球簡直是天方夜譚，更別說遠途搬運了！加上其他動物的糞便並不缺乏，當地的糞金龜果斷放棄了這一高難度操作，轉身投回本土動物糞便的懷抱，放任牛糞在草場上氾濫。

當地的糞金龜放棄了牛糞，但澳洲人不敢像當地的糞金龜一樣對牛糞放任不管，當地的糞金龜不給力，沒有辦法，政府只能選擇引進外國的糞金龜了。

為了解決牛糞問題，澳洲引進了許多糞金龜物種，經過專家的精心培育，這些糞金龜在澳洲成功繁殖，解決了澳洲牛糞堆積的大難題。

隨著牛糞的減少，蒼蠅減少了約90%，澳洲人不停揮舞的手終於可以放下來了。

草場的環境得以恢復（注），被牛糞影響的畜牧業經濟也停止下滑，重新走上正軌，而這一切都要感謝這些小小的甲蟲——糞金龜。

注：引入外來種可能會導致更嚴重的生態問題，現代已不採行這樣的措施。

別誤會，
我們不全都是
滾球大師

滾球型、挖洞型、居住型，
原來糞金龜有這麼多類型啊！

一提到糞金龜，人們腦中總會浮現出一隻黑色小甲蟲，牠孜孜不倦地推著一個比牠大上好幾倍的糞球，把它滾回家中去細細品嘗。

但其實並不是所有的糞金龜都喜歡把便便推成一個糞球，也不是所有的糞金龜都具有推糞球的能力。

糞金龜都喜歡吃便便，但從牠們和便便的關係上來看，牠們主要分為三種：滾球型、挖洞型、居住型。

從字面意義上就能看出這三種糞金龜的巨大區別。第一種滾球型就是我們通常理解的糞金龜，喜歡推著糞球跑來跑去的勤快「小哥」。

牠們喜歡把糞便滾成球形，然後用後腿踢著糞球行走，在搬運糞便的途中，牠們還可能收穫自己的愛情。

只要雌性糞金龜相中了推糞球「小哥」或者「小哥」推著的糞球，就會主動爬上這枚糞球，向「小哥」示好，如果雙方一見鍾情，那麼這對情侶就會挖個洞，把幫助牠們結緣的糞球埋進土裡，然後鑽進糞球，過著幸福快樂的小日子。

第二種挖洞型的糞金龜則不喜歡跋山涉水，牠們一發現糞便後會直接鑽進糞便下方的土中，挖一個地洞，把糞便拖拽到洞中。

在洞中，牠們會重塑糞便的形狀，建造一個更適合牠們繁育後代的「糞便公館」。

就近原則雖然方便，但也意味著要面臨更多的危險，為了保護地洞，守護家園，雄性糞金龜會毫不猶豫地與各種外來者戰鬥，尤其是在雌性糞金龜產卵的時候，雄性糞金龜更是戰力「爆表」，無所畏懼。

第三種居住型糞金龜是真真正正的樂天派，牠們隨遇而安，毫無拚搏之心，會在遇到的糞便旁生活，也可以隨隨便便在遇到的糞便裡產卵。

至於卵的成活率，那完全就不在牠們的考慮範圍之內，所以這種糞金龜的後代比其他兩種類型的更容易被天敵吃掉。

雖然地球上除了糞金龜很少有其他執著於吃糞便的動物，但這也並不意味著每隻糞金龜都能有充足的便便吃，也不是每一隻糞金龜都能幸運地與便便相遇。

由於便便資源是有限的，在激烈的競爭中，一些糞金龜不得不調整食譜，從單一吃便便變成了吃多樣化的食物。面對殘酷的生存挑戰，糞金龜不得不選擇動物的屍體、腐爛的水果和菌種等作為食物。

還有一些糞金龜選擇趴在熱帶森林的巨型蝸牛背上，靠吸食牠們排出的黏液來補充營養。當然，這些巨型蝸牛也是牠們的順風車，可以為牠們節省不少體力。

雖然蝸牛爬行的速度不太快，但至少是免費的，而且還免費供應飯食，也算是相當豐厚的福利了！

身體內建的
GPS 導航系統，
保證不會當機

精準定位一路向前，
絕對不會走錯路。

糞金龜不是在吃便便就是在去吃便便的路上，無論糞金龜在發現便便之前是採什麼軌跡行進，在搬便便的時候都會沿著一定的方向直線前行。

動物或者昆蟲能走出直線並不算是什麼罕見的事情，但能像糞金龜一樣，整個物種都能精準定位的可不多見。

絕活：
走直線

透過研究，科學家們驚奇地發現，糞金龜小小的身體裡竟然擁有著超級先進的「GPS導航系統」。不論哪一種糞金龜，都能精準導航，朝著一定方向直線前行。

天然GPS

和人類的衛星定位系統相似，牠們也利用著空中的資源進行定位和導航，只不過牠們沒有利用衛星，而是利用了太陽、月亮、星星，甚至利用銀河……

這聽起來似乎很誇張，但對於糞金龜而言，這只不過是牠們的正常生活，晝行性糞金龜會在白天利用太陽導航，到了夜間牠們則會利用月亮導航。

夜行性糞金龜比晝行性糞金龜更全能，在白天光線明亮的時候，牠們也會利用太陽來尋找方向。

到了夜晚，如果月亮只有微弱的光，牠們就會轉而利用大氣層中分布的日光和月光所產生的光線來導航。

而這種光線，人類是無法用肉眼看到的，只能用實驗裝置檢測出來。

但當月色晦暗，夜空中連光線都沒有的時候，夜行性糞金龜也不慌張，因為這時候，牠們會切換模式，選擇用銀河來定位。這聽起來就像天方夜譚一樣，但糞金龜做到了。

而且牠們也是目前為止，唯一一種表現出這種能力的昆蟲。在糞金龜正式搬運糞球之前，牠們會爬上球頂，跳一段簡單的「舞蹈」，而這個「舞蹈」就是牠們的「定位之舞」。

在舞蹈結束後，牠們就會爬下糞球，用強壯的雙腿蹬住糞球，沿著選定的方向，直線滾動。

人類想要獲得準確的方向總是不得不依靠一些實實在在的儀器，古時候有司南、羅盤，現在有手機裡的各種導航地圖。

但夜行性糞金龜不需要這些，牠們的身體裡就有一個動態的羅盤，能讓牠們隨時隨地感知變化的光線，並從中判定自己前進的方向。

抱歉了，
我就是有這個壞習慣！

邊吃邊拉，蒼蠅你這個髒東西！

一提到蒼蠅，人們總忍不住皺起眉頭，畢竟在慣常的認知中，有蒼蠅出沒的地方就等於髒亂大本營。

要是食物裡出現了蒼蠅，那麻煩可就大了。

不過近些年來隨著人們對於美食的追求，一些頗具風味的街邊小館，即使環境不太高雅整潔，但因為食物美味，也會吸引不少顧客。

在中國也有人把這種小店命名為「蒼蠅館子」，用來調侃一些店家，雖然衛生條件不太好，但裡面隱藏著美味的料理。同時，也讓這些店家有了幾分神祕的感覺。

不過追根究柢，蒼蠅終生都無法與「髒」這個字撇清關係。蒼蠅髒的原罪在於牠們一生都和便便捆綁在一起。

大部分種類的蒼蠅，小時候都在便便裡出生，長大了也以便便為食，繁殖期又在便便裡產卵，一代又一代的蒼蠅都是依靠著便便才完成了種族延續。

蒼蠅雖然只有一個月左右的壽命，但牠每一天都離不開便便，所以人們看到蒼蠅就會想到便便，自然無法把牠們和乾淨聯繫在一起。

如果排便的人或動物身體健康，只是從便便的成分上去進行判別，便便並不能被等價於「髒」，便便的四分之三是水分，其餘四分之一是固體，固體物質大多是蛋白質、無機物、脂肪、未消化的膳食纖維、脫了水的消化液殘餘，以及從腸道脫落的細胞和死掉的細菌。

水
蛋白質
無機物
脂肪
膳食纖維
……

所以蒼蠅選擇糞便作為一生的主食，並不意味著牠們不愛乾淨。畢竟牠們每次在吃東西前都會仔細搓手，雖然沒有使用水和香皂，但也洗得非常認真，非常有儀式感。

人們在面對喜歡舔爪子做清潔的貓咪時，總覺得貓咪真是愛乾淨的動物，但看到蒼蠅搓手的時候就完全沒有這種感覺。

這並不是因為蒼蠅洗手不夠投入，而是因為蒼蠅吃飯的時候有個奇特的習慣——牠們喜歡邊吃邊拉。

蒼蠅的消化能力並不好，牠們飽餐後很容易立刻進入排泄階段，排泄過於頻繁就會導致牠們體內水分失衡，為了保證身體健康，牠們只能停在原地繼續進食，再做一次補給工作。

如果蒼蠅只是單純地吃便便，獨自享用牠的專屬美味，或許牠們只會被認定為飲食奇特的昆蟲，而不是被打上「害蟲」的烙印。

但偏偏牠們的進食習慣是先吐出消化酶，將食物溶解後才開始進食汁液，而且牠們在吃飯的時候還要不斷地吐出、吸入，再邊吃邊拉，這樣就把存在於消化液中的病原體反復地吐到了食物裡。

如果蒼蠅只吃便便還好，但牠們偏偏對其他食物也有好奇之心。即使不吃，也可能會停留在上面，吐兩口消化酶感受一下，這樣細菌也就順帶著留在了上面，進而造成了疾病的傳播。

霍亂、痢疾、細菌性食物中毒，這些可怕的疾病都和蒼蠅的飲食習慣有很大關係。

我很髒，
但卻有點偉大喔

不討喜，但對生物技術研究
還是有點小貢獻的蒼蠅

很少聽說有人喜歡蒼蠅，畢竟牠們不僅愛吃便便，還會傳播不少疾病。

相對於那些惹人喜歡的小動物，牠們也不具有令人憐愛的長相。

蒼蠅作為日常生活中最常見的昆蟲之一，確實讓人不喜歡，但對於整個自然界的生態系統，卻非常重要，牠們是當之無愧的「大自然模範清潔工」。

自然界每天都要產生數不清的垃圾和動植物的屍體，蒼蠅的日常就是處理這些物質。

蒼蠅會將動植物的屍體、腐爛
的食物、排泄物、人類產生的
垃圾等進行分解，把它們轉化
為肥料。這些肥料為植物提供
充足的養分，促進植物的生
長，進而為植食動物提供食物
供給，讓牠們得以生存。

蒼蠅除了每日做著大量的清潔工作，還身體力行為大自然
輸送豐富的蛋白質。

蛆作為蒼蠅的幼蟲，粗蛋白質含量高達56%～63%，還含有豐富的脂肪、糖類，牠的營養水準可以和最好的祕魯魚粉相媲美。

蒼蠅的體內含有大量蛋白質，所以對於不少捕食者來說，牠們也是獨特的美味。

除了喜歡吃蒼蠅的動物，人類其實也是消滅蒼蠅的「大戶」。

雖然人類不會像青蛙一樣用舌頭捕捉蒼蠅吃，但科學家卻能從蒼蠅身上提取出諸多營養物質。

從蒼蠅身上提取的抗菌肽、凝集素、幾丁質都是非常重要的實驗物質。

尤其是高純度的幾丁質，更是價格不菲。

不過蒼蠅作為繁殖力驚人的生物，可以為這些物質的提取提供源源不斷的原料。一對蒼蠅一個夏天就可以繁殖2000多億的後代。

更何況，蒼蠅不只在夏天繁殖，每一處溫暖的角落都有牠們的身影，自然也有牠們多到數不清的孩子們。

雖然這些孩子們在日常發出討人嫌的嗡嗡聲，但在科研領域裡也創造了不可忽視的價值。

別說出去，
其實我是個醫生

另類的清創工作，
由蒼蠅寶寶來為您服務

在第一次世界大戰的時候，蒼蠅曾經發揮過神奇的作用。

牠們在機緣巧合下實現了救死扶傷，成為了特殊的「軍醫」。

當時醫療條件惡劣，醫護資源匱乏，抗生素也不充足，很多傷患都不幸死於因傷口腐爛導致的感染。

但有一些幸運兒卻得到了蒼蠅的眷顧，被蒼蠅從死亡線上拉了回來。

這是因為蒼蠅碰巧在這些傷患的傷口裡產卵，卵過一段時間後孵化出蛆蟲，而蛆蟲並不會傷害傷口周圍的健康組織。

但蛆蟲會以腐爛的肉為食，細緻又周到地把創面上壞死的組織都分解掉，促進了肉芽組織的形成。

蛆蟲不僅做了一項簡單的清創工作，牠們還進入了外科手術都難以到達的深部創面，投放了一種含有殺菌物質的鹽，這種鹽能有效地幫助傷口盡快癒合。

雖然這種鹽其實就是蛆蟲的排泄物，但是我們不得不承認它神奇的功效。

所以很多被蛆蟲爬過的傷口，恢復速度比經過醫護人員清理包紮過的還快。

這種神奇的現象自然引起了醫療工作者的好奇。

第一次世界大戰期間，美國的軍事外科醫生威廉·貝爾就被這種現象深深吸引，在他回國後，便開始致力於養殖蛆蟲。

而他也確實透過不斷比較選定了自己的「命運之蟲」——絲光綠蠅，也就是我們常說的「綠豆蠅」。

威廉·貝爾投入了大量的精力和時間，確定了蛆蟲對開放性傷口治療的巨大作用。之後，「蛆蟲療法」漸漸興起，成為外科治療的重要手段，但這種療法並沒有流行多久。

弗萊明在1928年發現了青黴素，十多年後這種廉價好用的抗生素迅速成為了醫療界的寵兒，蛆蟲療法也就被取而代之了。

既生我何生青黴素啊！

風水輪流轉，在抗生素濫用逐漸顯露出可怕的弊端後，「蛆蟲療法」也開始復興了。

近年來，愈來愈多的醫療專家針對「蛆蟲療法」展開了更為深入的研究，並且取得不錯的進展。

「蛆蟲療法」確有成效，但蛆蟲的種類和培養都需要在特定的環境和條件下才有功效，絕不是隨便捉一隻蒼蠅的蛆蟲就能夠救死扶傷的，所以我們也不要以為在家裡養幾隻蒼蠅就能作成OK繃的幻想。

不過隨著未來科技的發展，發明出含有蛆蟲酶的凝膠OK繃，也不是不可能，真是太讓人期待了。

搓搓搓，
啊！我把腦袋搓掉了！

沒頭還好，
沒有手腳活不了的蒼蠅

人類常常因為緊張、焦慮而不自覺地搓起手來。蒼蠅也喜歡搓手，尤其是在進食之前，總是很有儀式感地舉起「小手」，認真搓上一遍。

蒼蠅搓手絕對不是隨便糊弄，而是有一套自己的體系。

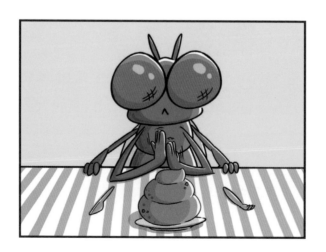

第一步：兩隻前足互相搓，來來回回、反反覆覆搓。

第二步：用兩隻搓乾淨的前足搓自己的腦袋，正臉要搓到，後腦勺也不能忽略，要把整個腦袋都搓到位。

第三步：兩隻後足互相搓，仔仔細細，絕不敷衍。

第四步：用兩隻後足搓翅膀和腹部，這個就比較有難度了，畢竟要用前足支撐身體平衡，還要保證在搓動中身體不會發生劇烈翻轉，但好在蒼蠅身體輕盈，能夠很好地駕馭這套動作。

當蒼蠅行雲流水般地完成了全套搓手動作後，牠才會開始進食。

這套「洗手操」看起來好似在貫徹「飯前洗手」的奧義，真誠地表達出對食物的敬意，但其實是蒼蠅喚醒身體機能的獨特按鈕。

蒼蠅的每隻「手」上，都有一個鉤爪和爪墊，鉤爪可以保證牠們能抓住物體，從而支撐住身體。爪墊則擁有可以分泌出脂質液體的腺體，這些脂質液體能夠增加黏附力，讓蒼蠅更牢更穩地抓住物體，這也是蒼蠅即便倒吊在光滑鏡面上也不會掉下來的原因。

蒼蠅的「手」除了幫助牠們保持平衡，還有一個更主要的功能，那就是判斷食物的味道！

蒼蠅沒有鼻子，所以只能靠腿部的味覺和觸覺等感覺器官來分辨食物的味道。

如果牠們的腿上沾上了東西或者附著了其他物質，就會影響牠們感官的精準度，導致牠們無法準確辨別食物的好壞。

雖然蒼蠅吃的很多東西在我們看來都是令人作嘔的，但對於蒼蠅而言，自己卻有一套判斷食物品質的方法，而這套方法最根本的點就是一切都聽腿的！

「蠅生」贏家

除了吃飯要搓手，戀愛也要搓手，這倒不是因為蒼蠅看到了「心上蠅」會緊張地搓手，而是因為牠們要靠搓手來釋放性資訊素。手搓得越快，性資訊素釋放得越多，也就越容易得到異性的青睞，從而獲得更多的交配機會，所以沒事練練搓手，關鍵的時候就可以靠搓手釋放魅力。

蒼蠅不是在搓手，就是在往搓手的路上，不過牠們的日常不光有搓手，還有搓腦袋。

蒼蠅的身體活動並不是由大腦統一負責的，而是由各個神經系統獨立負責運行。牠們判斷不了搓腦袋的危險性，所以有時候搓著搓著就把腦袋搓下來了。

在腦袋被搓掉後，蒼蠅也不會立刻氣絕身亡，甚至還能泰然自若地繼續把玩手中的腦袋，但這時候蒼蠅有沒有感覺到腦袋搬家就很值得懷疑了。

最令人吃驚的是，蒼蠅失去腦袋後還能存活一段時間，連飛行這種看起來很高段的行動幾乎都不會受到影響，只不過缺了腦袋後不能辨別方向，也不能辨別障礙物，飛起來不太順暢。

所以人們把做事沒有目的性和方向感，生動地比喻成「像無頭蒼蠅一樣」。

蒼蠅之所以沒有在失去腦袋後當場身亡，主要是因為牠的呼吸系統是獨立的，並不長在腦袋上。牠們的軀幹分布著無數的氣門和氣管，只要蒼蠅的腹部能夠正常地收縮和擴張，氧氣就能夠順著氣門和氣管進入身體。

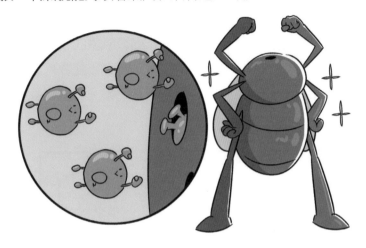

蒼蠅在不小心搓掉腦袋後雖然不會立刻喪命，但存活天數就要看牠體內儲存的能量了。

儘管失去腦袋不會耽誤蒼蠅呼吸，但卻會耽誤蒼蠅進食。沒有辦法補充新的食物，蒼蠅就只能消耗身體原有積蓄的能量了，如果腦袋被搓掉的時候，蒼蠅正處於飢餓狀態，那很可能幾個小時之後就會死亡；如果剛飽餐一頓，可能就會多活幾天。

但無論如何，失去腦袋的蒼蠅最後也只能迎接死亡，所以蒼蠅搓手並不像看上去那樣雲淡風輕，一不留神就有可能付出生命代價。可以說，這也算是蒼蠅的極限運動了。

只不過蒼蠅本身智商沒有那麼高，搓腦袋也只不過是無意識行為，即使把腦袋搓掉了，牠們也無法意識到自己馬上要走向死亡，很有可能覺得自己手中突然多出了一個巨大的玩具或者食物殘渣，擺弄一番後，還會嫌棄地丟掉。

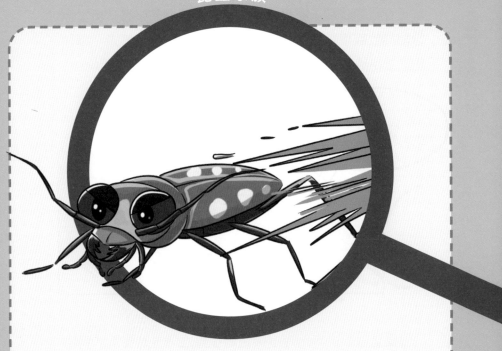

雖然我名字帶虎，卻有豹的速度

擁有一級方程式賽車速度感的虎甲蟲，
號稱「昆蟲中的獵豹」

每年春天的時候，總會看到一種七彩斑斕的甲蟲。但當你想細細地觀察牠身上的花紋時，牠又總是迅速逃走，讓你難以看得清楚。這種色彩豔麗的甲蟲就是「虎甲蟲」。

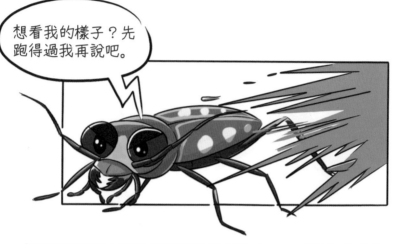

想看我的樣子？先跑得過我再說吧。

虎甲蟲是世界上奔跑速度最快的昆蟲之一，被譽為「昆蟲中的獵豹」。牠的奔跑速度能達到秒速2.5公尺，每秒鐘可以移動自身體長的170倍左右。如果把虎甲蟲放大到和人類一樣大小，那麼牠的奔跑速度會是一級方程式賽車車速的2倍左右。

我的速度是它的2倍！

「虎」聽著就更威風！

虎甲蟲跑得像獵豹一樣快，卻沒有叫「豹甲」而是叫「虎甲蟲」，是因為牠除了跑得快，還有另外一個特點，那就是吃東西時狼吞虎嚥。

虎甲蟲是非常殘暴的肉食性昆蟲，牠們在幼蟲時期就會捕食別的昆蟲了。幼蟲的時候，虎甲蟲沒有成蟲那般堅硬的甲殼和堅硬的大顎，但牠們有自己一套獨特的誘敵戰術。

我們會做陷阱！

虎甲蟲幼蟲生活在成蟲挖掘的土穴中。這些土穴一般都是垂直的，虎甲蟲幼蟲會把身體藏在地下，只露出一雙眼睛，用來觀察外面的情況。有迷糊的小蟲路過時，虎甲蟲會突然衝出來把小蟲咬住，打得對方措手不及，只得淪為虎甲蟲幼蟲的食物。

所以走路一定要多加小心！

虎甲蟲幼蟲的背部上還有一對倒鉤，在抓到獵物後，牠們會用這對倒鉤鉤住洞穴周圍，就像一條安全帶一樣，有了這條安全帶張網的保護，獵物就別想把虎甲蟲拖出洞外了。

蟲在江湖走，必須留一手啊！

虎甲蟲奔跑的速度雖快，但其實也是放棄了身體的另一些功能換來的。在虎甲蟲極速奔跑時，牠會因為複眼結構限制和大腦處理能力的不足而暫時失明。

所以虎甲蟲在追捕獵物的過程中，會不得不停下來，透過降速恢復視力，好確定獵物的具體位置，這樣才能繼續獵殺。對此，虎甲蟲也很無奈。

羨慕我的速度？視力換來的！

我不是只靠
顏值吃飯的喔

偽裝術高超的蘭花螳螂，
昆蟲都栽在牠手裡。

蘭花螳螂是自然界中出名的偽裝高手，因為生活在蘭花叢中，並且自身形態、顏色都與蘭花相似，所以被叫作蘭花螳螂。

要是不一樣，那還叫什麼偽裝？

蘭花螳螂的顏色並不是一成不變的，牠們的顏色主要取決於牠們身處的蘭花叢中蘭花的顏色，周遭的蘭花是什麼顏色，牠們就會變成什麼顏色。大多數雌性蘭花螳螂是粉白色，但有時牠們的身體也會呈現白色、黃色、橙色和紫色。

蘭花螳螂並不是長壽的昆蟲，一般蘭花螳螂的壽命只有一年左右。在這一年裡，牠們會透過一次次的蛻皮，把自己變得愈來愈像一朵蘭花。

既然模仿就要維妙維肖！

蘭花的體態不僅是蘭花螳螂躲避天敵的偽裝，也是牠們誘捕昆蟲的重要武器。牠們平日裡攀爬在蘭花枝條或葉片上，將腹部高高抬起，偽裝成一朵盛開的蘭花，主動引誘獵物來「採集花蜜」，有時牠們甚至會在清風吹拂的時候模仿花朵輕輕搖曳的樣子，只為了讓自己更具有迷惑性。

下輩子做蟲眼睛要睜大點！

當想來偷吃花蜜的昆蟲被蘭花螳螂的外貌蒙騙，把牠們當作真正的花朵，落在牠們身上的時候，蘭花螳螂會毫不客氣地吃掉獵物，牠們前腿上的毛刺也能幫牠們把獵物牢牢的鎖住。除了偷吃花蜜的小蟲，蘭花螳螂有時候還會捕捉小型動物，像是蜥蜴。

憑藉著高超的偽裝技術，蘭花螳螂將「守株待兔」的戰略
發揮到了極致，每天都能吃得飽飽。

科學家們曾經做過對比實驗，將12種傳粉昆蟲、雌性蘭花
螳螂和花朵放在同一位置，看看到底是真正的花朵對傳粉
昆蟲更有吸引力，還是蘭花螳螂的魅力更大。事實證明，
接近雌性蘭花螳螂的頻率更高。蘭花螳螂竟然憑藉著自己
的偽裝打敗了真正的花朵。

假作真時真亦假，
真作假時假亦真！

雌性蘭花螳螂比雄性更具有攻擊性，而且體型也遠大於雄
性。因為蘭花螳螂本就有吞噬同類的習性，所以雌性蘭花
螳螂在交配後或飢餓時也會吃掉雄性螳螂。

讀不懂信號
別找我

你以為他在照亮夜空，
但螢火蟲發光只是在釋放信號。

螢火蟲是鞘翅目螢科的昆蟲，主要分布於熱帶、亞熱帶和溫帶地區，棲息在溫暖、潮溼、多水的草叢、河邊及蘆葦地帶。白天的時候，螢火蟲會潛伏在水中的石塊或泥沙下，到了夜晚，牠們才會出來覓食。

很多人都知道螢火蟲會發光，但卻不知道，螢火蟲不只是成蟲會發光，連幼蟲也會發光。

螢火蟲一年只繁殖一次，從卵變成成蟲要花費10個月的時間，但變成成蟲後，牠們的壽命只剩下3～7天。

有的蟲長大了，也快死了。

倒數計時

03

螢火蟲之所以能夠發光，是因為牠們的身體裡有一個叫作「發光器」的部位。在發光器裡有特殊的發光細胞，這些細胞含有螢光素和螢光素酶，這兩種物質會在氧氣的催化下發出螢光。不同種類的螢火蟲會發出不同的光，有的顏色偏黃，有的顏色偏綠。而且不是所有的螢火蟲都會發光，有一些螢火蟲喜歡在白天活動，牠們的發光器已經變得很小，有的甚至已經沒有發光器了。

螢光素

螢光素酶

氧氣催化

白天不開燈，節能！

螢火蟲發光不是為了點綴夜空，而是在釋放信號，有的時候是為了求偶，有的時候是出於警告。在螢火蟲求偶的時候，雄性螢火蟲會在空中不斷釋放信號，而雌性螢火蟲大多時候都是趴在草葉上看熱鬧。只有在遇到非常心動的雄性時，牠們才會作出反應。

螢火蟲的警告也並非是單純的恐嚇，螢火蟲在遇到危險的時候會反射性出血，在身上流出難聞的液體，這種液體對脊椎動物來說是有毒的，所以小鳥、蜥蜴等天敵如果無視警告強行下嘴，都是要付出代價的。

越美的東西越危險，你不知道麼？

螢火蟲成蟲會用毒素來進行防禦，螢火蟲幼蟲則會向小型蝸牛、蛞蝓、蚯蚓等注射麻痺性神經毒素，然後再大快朵頤。所以，螢火蟲看似脆弱而美麗，但實際上也不容小覷。

野人文化
讀者回函卡
野人

感謝您購買《笑翻天 1 分鐘生物課① 》

姓　名　　　　　　　　　□女 □男　　年齡

地　址

電　話　　　　　　　手機

Email

學　歷　□國中(含以下) □高中職　　□大專　　　□研究所以上
職　業　□生產/製造　□金融/商業　□傳播/廣告　□軍警/公務員
　　　　□教育/文化　□旅遊/運輸　□醫療/保健　□仲介/服務
　　　　□學生　　　□自由/家管　□其他

◆你從何處知道此書？
　□書店　□書訊　□書評　□報紙　□廣播　□電視　□網路
　□廣告DM　□親友介紹　□其他

◆您在哪裡買到本書？
　□誠品書店　□誠品網路書店　□金石堂書店　□金石堂網路書店
　□博客來網路書店　□其他_____

◆你的閱讀習慣：
　□親子教養　□文學　□翻譯小說　□日文小說　□華文小說　□藝術設計
　□人文社科　□自然科學　□商業理財　□宗教哲學　□心理勵志
　□休閒生活（旅遊、瘦身、美容、園藝等）　□手工藝／DIY　□飲食／食譜
　□健康養生　□兩性　□圖文書／漫畫　□其他

◆你對本書的評價：（請填代號，1. 非常滿意　2. 滿意　3. 尚可　4. 待改進）
　書名_____封面設計_____版面編排_____印刷_____內容_____
　整體評價_____

◆希望我們為您增加什麼樣的內容：

◆你對本書的建議：

廣　告　回　函
板橋郵政管理局登記證
板橋廣字第１４３號

郵資已付　免貼郵票

野人

23141
新北市新店區民權路108-2號9樓
野人文化股份有限公司 收

野人

書名：笑翻天1分鐘生物課①

書號：GRAPHIC TIMES 062